LES ...ES DE LA VIGNE

d'après

le chimiste RODOLPHE TURECKI

par

MARCEL COUSSOT

Ouvrage honoré d'une Médaille d'Or par la Société des Sciences industrielles, Arts et Belles-Lettres de Paris

PREMIÈRE ÉDITION

PRIX 50 CENTIMES

PARIS

DÉPOT GÉNÉRAL CHEZ M. FOUTRIN
AUX MESSAGERIES DE LA PRESSE
24, rue de Lille, 24

1895

LES

REMÈDES DE LA VIGNE

LES
REMÈDES DE LA VIGNE

d'après

le chimiste RODOLPHE TURECKI

par

MARCEL COUSSOT

(Ouvrage honoré d'une Médaille d'Or par la Société des Sciences industrielles, Beaux-Arts et Belles-Lettres de Paris.)

PRIX : 50 CENTIMES

PARIS

DÉPOT GÉNÉRAL CHEZ M. FOUTRIN

AUX MESSAGERIES DE LA PRESSE

24, rue de Lille, 24

1875

AVIS

Cette brochure peut être reproduite, *in extenso* ou *par extraits*, dans tous les journaux qui ont un traité avec la Société des Gens de Lettres.

Société des Sciences industrielles, Beaux-Arts,
et Belles-Lettres de Paris

RAPPORT

de

LA COMMISSION CHARGÉE D'EXAMINER

LES REMÈDES DE LA VIGNE

D'APRÈS

RUDOLPH TURECKI

Longtemps avant que la science officielle songeât à s'en préoccuper, l'épidémie qui, sous des formes variées, menace nos vignobles de destruction, sollicitait la curiosité des chercheurs. Dans sa dernière séance, la Société des sciences industrielles a entendu l'extrait d'un ouvrage très-curieux de son président à ce sujet, extrait intéressant qui met en pleine lumière la vie, les habitudes et les mœurs du *Philloxéra vastatrix*.

Qu'on l'appelle ainsi ou de tout autre nom bizarre, l'espèce de gale qui dévore une des principales richésses de la France n'est que le résultat, sous diverses formes, d'une même affection, arrivant par les mêmes causes à des phases graduées, l'invasion de parasites!

Peut-on y porter reméde? Certainement. L'expérience des pratiques agricoles, l'examen du sol et l'étude du tempérament végétal nous inspirent que des soins constants, appliqués avec une intelligence prudente, peuvent seuls conjurer le danger et le faire radicalement disparaître. Méfions-nous de l'empirisme; l'Institut préconise, on ignore pour quelle cause, l'emploi d'un sulfo-carbonate de potasse pur; tout en restant d'accord avec lui sur la base même du médicament, nous n'hésitons pas à déclarer que ce mode de l'administrer *tel quel* constitue une expérience périlleuse, un moyen curatif aussi dangereux que le mal lui-même, insuffisant d'ailleurs et dont l'action se bornera à faire la fortune du fabricant de panacée, au prix de la ruine du vigneron.

Ce qui frappe surtout dans la manière dont la question est traitée par Rudolph Turecki, c'est le sens pratique mis au service de la science. Il écarte l'industriel uniquement spéculateur, parle directement au cultivateur et lui dit:

« Le salut de vos ceps est entre vos mains !»

Et il leur livre, *une à une, les formules théo-*

riques de fabrication des engrais qui leur conviennent, et qui sont expérimentés depuis cinq ans avec un succès constant (1).

Il leur dit : « Nul mieux que vous n'est à même de les juger et de les préparer. Vous en avez tout le temps, et les éléments qui les composent sont dans vos mains qui les laissent perdre. Je vous indique les raisons des soins hygiéniques réclamés par vos plantations, par votre sol ; je spécifie les sortes de fumures qu'il convient de leur donner, je vous dis celles qu'il convient d'éviter et pour quels motifs. Je vous mets à l'abri de l'exploitation du charlatanisme, dont l'intervention vous dévore, et se soldera, en fin de compte, par l'achèvement de votre ruine.

« Agissez-donc : que voulez-vous de plus ? Vous pouvez faire mieux et à meilleur marché que quiconque. »

Jamais tentative n'a mérité plus d'encouragements, j'ajouterai de protection. Nous n'avons pas besoin de faire ressortir l'im-

(1) Ces formules chimiquement décomposées ne sont que la fabrication de sulfo-carbonates de potasse, administrés en engrais, le meilleur mode de les faire ingérer par le sol et par les végétaux.

mense intérêt qui s'attache à ce que sa brochure se répande à profusion, il ne s'agit pas ici de patronner une spéculation; il n'y en a pas l'ombre: Tout y est livré gratuitement, et n'y eût-il, pour nous y déterminer, que la perspective d'assurer la joie de nos tables. et de conserver la fortune du cultivateur, que le motif nous paraîtrait suffisant pour ne pas marchander notre concours initial à ce bienfaiteur de tous.

Nous concluons donc à ce que la Société des sciences industrielles, arts et belles lettres de Paris, décerne une médaille d'or à M. Turecki. — Vote conforme unanime.

Paris le 10 septembre 1875.

Le Président :

Mis DU PLANTY.

Dans sa séance du 10 septembre 1875, la Société des sciences industrielles, arts et belles-lettres de Paris, soucieuse des intérêts de la viticulture, a arrêté qu'elle décernera une médaille de bronze aux viticulteurs, lorsque le maire de la commune qu'ils habitent attestera qu'ils ont employé eux-mêmes, avec succès, et fabriqué les engrais qu'ils utiliseront à cet effet.

Les pièces probantes devront être adressées *franco* à son président, M. le marquis du Planty, 44, avenue Wagram, à Paris.

LES
REMÈDES DE LA VIGNE

D'APRÈS

Le chimiste Rudolph TURECKI

AVANT-PROPOS

L'important travail dont notre organe va offrir la primeur à ses abonnés (1) n'est pas l'œuvre d'un fantaisiste égaré par l'attrait du caprice dans un domaine inexploré, et livrant des observations dues au hasard à la curiosité superstitieuse de lecteurs routi-

(1) Cet opuscule a été publié par fragments, dans un recueil agricole très-intéressant, *le Fermier*, 180, rue d'Allemagne, à Paris.

niers. Non; on sait aujourd'hui que l'agriculture est une science aussi bien qu'un art; la
chimie tente depuis longtemps avec succès
de s'ingérer dans les agissements agricoles,
analysant ici la nature d'un sol, là les ri-
chesses d'un engrais, plus loin la cause
d'une déperdition, d'un appauvrissement, et
préparant, suivant les cas signalés aux besoins de sa synthèse, la pharmacie indispen-
sable à la cure des végétaux ou des terrains.

Cette ingérance, toute de raison, est si
parfaitement comprise, si bien accueillie par
le bon sens des propriétaires ruraux, qu'il
n'est pas un chef sérieux d'exploitation
agricole, rêvant des améliorations dans une
terre de faible rapport, qui ne s'empresse de
faire analyser sa terre et de combiner ses
engrais de manière, non pas à la doter d'une
richesse de qualités déjà surabondantes,
mais des sels qui lui manquent pour réussir
dans la culture à laquelle il prétend l'affecter.

Tout le monde pourra juger le mérite des

études du chimiste Rudoph Turecki; à côté de l'analyse exposée des différents cas de maladie de la vigne, résultant soit de la nature du sol, soit de l'infection d'engrais mal appropriés, soit de l'action résolvante des parasites, le remède se trouve indiqué, non point un remède compliqué, de composition malaisée, combiné avec des matières spéciales, difficiles à se procurer et d'un prix lourd à la bourse d'un cultivateur, mais commode à préparer avec des détritus que tout le monde a sous la main, et auxquels doivent s'adjoindre d'autres détritus d'un prix généralement insignifiant, et qui s'emploient à doses pour ainsi dire infinitésimales.

Le nom de Rudolph Turecki est assez connu dans le monde agricole pour qu'il nous soit permis de ne point le présenter plus amplement à nos lecteurs. De son laboratoire modeste de la rue de Sèvres sont déjà sorties des formules qui ont fait le tour du monde, et sa dernière découverte de la dé-

sinfection du pétrole, dont l'huile ainsi traitée perd ses qualités de naphte pour ne conserver que ses propriétés d'huile lampante,
est réputée comme la plus belle recherche
humanitaire de notre époque.

Nous ne parlerons pas ici du bain instan-
tané, donnaut en vingt-quatre heures aux
fourrures toutes les qualités du vieux cuir
tanné sans nuire à la beauté et à la solidité
du pelage, qu'elle conserve, au contraire,
dans tout son lustre; ni du baume céphali-
que, ni du baume artrétique, ni des diverses
liqueurs cordiales dont il a enrichi la pharmacie; nous gardons par devers nous Rudolph Turecki, chimiste agricole par excellence, et celui-là seul nous suffit.

I

Analyse chimique de la vigne et du vin

Préoccupé depuis dix ans (à l'époque où l'oïdium attaquait la vigne comme un symptôme prémonitoire du phylloxera, plus redoutable encore) des moyens de détruire un ennemi aussi dangereux, le savant encombrait son laboratoire de la rue de Sèvres de ceps de toutes provenances, admirablement attaqués.

Nous ne saurions dire le nombre des nuits et des jours qu'il a passés, loupe ou microscope à l'œil (1), à poursuivre dans les

(1) Ces habitudes sont parfaitement décrites dans une étude de M. le marquis du Planty, qui a fait œuvre remarquable de naturaliste.

fibres du bois ou dans les tissus de la feuille la marche mystérieuse du parasite. Il est au courant de ses habitudes de mineur, et, silencieux comme lui, il ne le perdait pas de vue dans l'accomplissement de son dangereux travail ; il connaît ses mœurs, ses passions, ses goûts ; il sait ce qui l'attire, et il est arrivé, par mille expériences répétées, à connaître aussi bien ce qui le repousse, le tue et l'atteint, dans quelque forteresse où il se soit retranché.

C'est en observant dans leur progrès l'oïdium et le phylloxera qu'il a été amené à remarquer, dans les ceps infectés, d'autres symptômes de maladies, développées sans doute par l'action de l'insecte, mais qui ne sont pas étrangères à cette action, en ce sens qu'elles ont dû l'attirer et faciliter son intrusion dans la partie ligneuse, et partant, la rapidité de son pernicieux travail.

Il en a conclu que, dans la bataille à livrer au destructeur de nos vignes, il ne s'agissait pas uniquement, pour le faire disparaître, de l'attaquer impitoyablement partout où les ravages qu'il exerce dénoncent sa présence, mais qu'il fallait encore le poursuivre partout où il avait pu trouver une chance de germination.

Par quels moyens?

Il y en a de trois sortes :

1º L'engrais,
2º La lotion,
3º L'échalas.

Nous allons, après avoir donné l'analyse des différents cas où se trouve la vigne, ou plutôt le diagnostic de ses degrés de maladie, indiquer immédiatement le mode curatif expérimenté toujours avec succès et que nous pouvons déclarer infaillible.

Le bon sens de l'agriculteur saisira immédiatement cette première nuance, c'est que, se trompât-il dans la formule propre à sa plantation, la médication ne saurait être nuisible, comme la plupart des préservatifs em-

piriques proposés tout d'abord à sa crédu-
lité.

Mais laissons la parole à Rudolphe Turecki :

« L'analyse du jus de raisin ou mout,
avant la fermentation vineuse, écrit-il, re-
connaît, en proportions inégales, mais uniformément dosées, la présence des substances suivantes :

Groupe minéral.

1º Chlorure de sodium,
2º Sulfate de fer ;
3º Sulfate de potasse ;
4º Chlorure de potasse ;
5º Carbonate de potasse ;
6º Carbonate de chaux ;
7º Sulfate de chaux ;
8º Sulfate d'alumine ;
9º Eau ;

Et un groupe des éléments organo-végé-
taux ci-après :

10° Ligneux;
11° Tannin;
12° Acide malique;
13° Acide citrique;
14° Id. lactique;
15° Pectine;
16° Fécule;
17° Gelée;
18° Mucilage;
19° Gomme;
20° Glu;
21° Gluten;
22° Glucose ou sucre de raisin;
23° Albumine;
24° Matière résinoïde;
25° Matière grasse;
26° Matière colorante;
27° Matière azotée;
28° Substance aromatique.

Or, le même jus, après la fermentation, c'est-à-dire arrivé à l'état de vin proprement dit, ne contient plus de tout cela que les éléments fixes ci-après :

1° Chlorure de sodium ;
2° Tartre de fer ;
3° Bi-carbonate de potasse ;
4° Sulfate de potasse ;
5° Chlorure de potasse ;
6° Tannate ;
7° Tartrate de chaux ;
8° Tartrate d'alumine ;
9° Phosphate d'alumine ;
10° Arome ;
11° Alcool ;
12° Matières sucrées modifiées et non dé-composées par la fermentation ;
13° Glycérine formée pendant la fermentation ;
14° Eau.

Telle est, pour toutes les qualités de vins connus, la nomenclature des substances qui rentrent, à proportions variées, dans leur composition.

Quels sont donc les éléments qui prédominent dans les bons vins, et ceux qui manquent dans le produit des vignes malades ?

Ce sont, chose curieuse, les trois mêmes dont l'excès constitue la qualité, et le déficit amène l'infériorité, savoir :

1° Le chlorure de sodium ;
2° Le fer ;
3° La potasse.

Il y a, dans ce fait invariable, de quoi frapper suffisamment l'observateur ; les produits des crus riches sont doués, dans leur combinaison, d'une abondance de ces trois matières qui constitue leur qualité, et les vins inférieurs en sont dotés dans des proportions faibles.

Qui peut causer ce déficit? Est-ce la nature même du sol qui nourrit la vigne;

Rien n'est plus facile que de réparer la parcimonie de la nature; le sel, le fer et la potasse abondent autour de nous, on les a sous toutes les formes, à la portée de toutes les mains.

Sous quelle forme peut-on les administrer aux terrains appauvris?

Là était, par le fait, la solution du problème.

Le principe régénérateur étant connu, il s'agissait de trouver le mode d'administrer au malade la pilule sympathique; l'engrais date de l'enfance même de l'agriculture; l'engrais est donc le mode curatif par excellence, puisqu'il remplit à l'égard du sol le rôle de biberon, c'est-à-dire qu'il offre le véritable moyen de faire ingérer à la terre nourriture et remèdes.

Quant à la plante malade, plusieurs chances de préservation ou de cure individuelle se présentaient; outre l'engrais à don-

ner à sa racine, on pouvait user à son avantage de lotions, totales ou partielles; on
pouvait encore, vu l'usage de l'échalas employé par beaucoup de vignerons, et qui
offre un véhicule commode à la propagation
des parasites, utiliser cette sorte de tuteur,
comme un excellent fauteur du remède, et le
changer en empoisonneur.

La méthode était donc arrêtée; il s'agissait
maintenant d'en déterminer l'application,
de vérifier, par l'analyse, la matière du terrain producteur, de combiner un engrais
général, commode à fabriquer, propre à
tous les terrains, et, enfin, d'arrêter la formule de l'engrais profitable à telle nature du
sol plutôt qu'à telle autre.

Telle est la somme de notre travail.

Assez d'autres, amoureux de gloire et de
fortune, vont les acquérir où elles se pio-
chent aisément, dans l'arène impie et cepen-
dant fatale de nos discordes internationales.
Qu'il nous soit permis d'appeler la sympa-
thie intelligente des masses sur les obscurs

travailleurs humanitaires, intelligents et doux, qui, du fond de leur laboratoire, dédaignent l'éclat séduisant de ces avantages, et consacrent leur existence à chercher les remèdes à tant de maux, sans se préoccuper de la part de profit qui reviendra à leur ingrat labeur.

Rodolph Turecki est de ceux-ci; il a dépensé sans compter sa fortune, sa science et sa vie, capitaux considérables versés dans la tontine générale de l'humanité.

Sans souci des luttes académiques et des triomphes de concours, il livre sa méthode à l'agriculture, et l'œuvre est abandonnée à un prix si minime, qu'elle ne saurait passer pour une spéculation.

La formule de l'engrais général, propre à régénérer la vigne phyleoxérée ou non, que nous livrons ci-après, est basée sur la quantité à fournir à un hectare; il sera donc facile au cultivateur de calculer, sur cette base, la quantité nécessaire à un terrain moindre ou plus considérable.

Le prix des matières à employer n'excède pas 23 f.; la plus grande somme de celles propres à fabriquer cet engrais se trouvant sous la main de l'agriculteur qui la laisse perdre, parce qu'il ignore ou néglige les moyens de l'utiliser.

17 éléments rentrent dans cet engrais :

1° Chlorure de sodium, ou sel de cuisine.	50 k.	5 fr.	»
2° Sulfate de fer n° 3. . . .	30	2	»
3° Cendres de bois (de sarment de préférence). .	150	»	»
4° Cendres de charbons de terre (de forge de préférence.	50	»	»
5° Soufre natif ou brut. .	5	»	80
6° Ciment ou chaux de vieux murs.	45	»	»
7° Plâtre de vieux murs. .	45	»	»
8° Purin.	»	»	»
9° Acide azotique ordinaire à 40°.	3	2	50

10° Acide sulfurique ordinaire
à 66°. 7 1 40
11° Acide chlorhydrique.. . 10 » 70
12° Boutures et tailles de la
vigne, ainsi que les feuilles
tombées en automne, et
non infestées de l'oïdium
ni du phyloxera (que l'on
ne pourrait utiliser qu'en
cendres), feuilles d'arbres,
sciures de bois, plantes
narcotiques telles que ci-
guë, datura, belladone,
jusquiame et colchique,
qui sont toutes de terri-
bles délétères pour la
vermine ; on les laissera
pourrir en égale quantité 40 » »
13° Marc de raisin, après qu'il
en a été extrait tout ce qui
peut être utile, la totalité
de l'hectare, avec ad-
jonction de ce que l'on

pourra de marc de café . . . . » » »

14° Tourteaux de toute espèce dont le goût répugne aux bestiaux et qu'ils ne veulent pas accepter comme nourriture, mais qui sont d'excellents engrais pour la vigne. . . . . . . 50 k. 5 fr. »

15° Mélange de plantes anti-radicivores et de végétaux toxiques, rue, sabine, feuilles de chanvre, de buis, de noyer, d'absinthe, de tabac, résidus pharmaceutiques ou de fabriques de ligneux. . . 10 » »

16° Résidus des camphres. . . 5 5 »

17° Matières concrètes et goudronneuses et détritus des huiles minérales épurées, résidus impropres à toute industrie, mais excellents

dans les engrais, et dont
l'odeur persistante offre
un répulsif de première
qualité contre toute es-
pèce d'insecte. 10   »   50

Le coût des matières étrangères que l'on
doit ajouter à celles qu'on a sous la main,
est donc de 22 f. 10 c. pour un hectare.

Mais, redirons-nous, cet engrais est la
base, il est applicable dans tous les cas, et
commode surtout dans l'exploitation des
plus vastes vignobles. Chez nous, où la pro-
priété morcelée à l'infini offre des variétés
de terrain qui peuvent se traiter à moins de
frais, nous avons besoin d'engrais à fabriquer sur une moins vaste échelle; il nous
faut des formules plus simples, plus faciles,
exigeant une manipulation instantanée.
Nous en donnerez-vous ?

Quand un cerveau organisé comme celui
de Rudolph Tunecki s'adonne à une question,
il ne la traite pas à demi. Tout est prévu,

dans son œuvre, et avant de continuer la liste des formules applicables dans des cas particuliers, il faut lui laisser encore la parole, et savoir de lui comment les dix-sept groupes de matières indiquées ci-dessus doivent être mélangées pour fermenter ensemble et constituer l'engrais parfait qui est le salut de la viticulture.

II

Préparation de l'engrais préventif et curatif

Il est évident que le mélange ci-dessus doit être confectionné par le vigneron lui-même, et voici dans quelles conditions.

— Un mot avant tout, au sujet des plantes toxiques qui entrent dans la composition de l'engrais; il faut, au préalable, dissiper toute inquiétude et prévoir toute objection. Elles y ont un double rôle à remplir: 1° elles apportent à la combinaison une quantité considérable de potasse; 2° leurs propriétés délétères les mettent, au dit de tout le monde, à l'abri de l'infection des insectes. Nous ne comptons pas l'intérêt qui se rattache, en les utilisant ainsi, à en débarrasser les alentours des habitations, où elles causent trop souvent encore des accidents et parfois des empoisonnements.

Ceci dit, nous revenons à la méthode qui doit être suivie pour la confection de l'engrais; s'il y a lieu de justifier la préférence donnée à un procédé plutôt qu'à un autre, nous nous empresserons de l'expliquer et de veiller à ce qu'il n'existe point de lacune à cet égard : il faut que le lecteur soit bien pénétré d'avance que rien n'est livré au hasard dans cette étude, et que tout y est coordonné selon les lois de la plus rigoureuse logique.

Pour arriver à confectionner l'engrais utile à la vigne, il faudra tout d'abord mettre dans un récipient (un tonneau par exemple) de la contenance de huit ou neuf hectolitres, 250 litres de purin ou d'eaux vannes de fosses d'aisance; c'est dans ce liquide qu'on devra jeter immédiatement le sel de cuisine, le sulfate de fer, et les laisser s'y dissoudre.

Durant le temps nécessaire à cette dissolution, on devra broyer les gravats de mur, les mélanger aux cendres, au soufre natif, aux feuilles d'arbres, de vignes et à la sciure, en état de pulvérisation.

Ce mélange fait, on remuera la dissolution qui mûrit dans le tonneau, on y ajoutera les trois acides azotique, sulfurique et chlorhydrique, on couvrira l'orifice du tonneau avec une toile métallique sur laquelle on jetera le produit broyé et tamisé au tamis nº 4, en le faisant tomber vivement et en pluie rapide dans le liquide ainsi préparé.

On devra ensuite enlever la toile métallique, fermer hermétiquement le tonneau, et laisser macérer le tout de vingt-cinq à trente jours.

Pendant le temps nécessaire à cette macération, on préparera la seconde partie du mélange à opérer, dans laquelle entrent les marcs de raisin, tourteaux, plantes radicivores, résidus de camphres et matières goudronneuses indiqués à la liste générale. Tout cela devra être broyé ensemble et passé au tamis n° 4.

Cette sorte de terreau devra être étendu, comme les maçons opèrent pour faire le mortier, c'est-à-dire avec un vide au milieu, sur un sol rendu imperméable par une couche de terre argileuse, de même que pour une aire à battre.

Et lorsque le temps de la macération du tonneau sera révolu, on dépotera le contenu de ce tonneau et on le mélangera avec ce terreau, progressivement, comme on opère pour faire un mortier de construction.

Le mélange opéré, on le rebroiera, on le passera au tamis, et on le remêlera en l'arrosant, de temps à autre, de préférence avec de la lie de vin, si on en a, ou à défaut de lie du purin. On arrivera à former ainsi un engrais homogène que l'on remet dans le tonneau, où il s'améliore jusqu'au jour où il doit être employé.

Cet engrais devra être préparé à l'entrée de l'hiver ou en fin d'automne pour être utilisé au printemps suivant, à l'époque où on fume la vigne et où l'insecte se prépare à sa multiplication.

Tout le monde peut, sans être chimiste, se rendre compte du jeu des éléments qui concourent à la fabrication de cet engrais, et pressentir la nature de leur utilité et leur fonction réparatrice.

Nous ne craignons pas une critique sensée, à une époque où des gens *sérieux* ont cru pouvoir *sérieusement* proposer des mesures telles que celles qui furent risquées, en 1874, au congrès de l'exposition d'insectologie, à propos du phylloxera. Nous assistions aux conférences faites à l'Orangerie, dans le jardin des Tuileries, nous y avons entendu parler de bétonner la vigne pour emprisonner l'ennemi, de l'ensabler, de la flamber, et enfin de la saupoudrer de sulfo-carbonate alcalin.

Cette question est grave, elle préoccupe

tous les esprits, et il n'y a rien d'étonnant à
ce qu'elle ait donné carrière à des idées
bizarres. Aussi, n'est-ce point une critique
amère que nous prétendons lancer aux procédés surprenants compris dans les cinq ou
six cents formules lancées au hasard de la
fourchette. Les faits sont là, nous les avons
étudiés, examinés, et ce n'est pas à la légère
que nous nous sommes aventurés dans la
lice.

Nous y entrons armés de toutes pièces et
munis de toutes raisons.

Le mal existe, vous avez donc le remède
sous la main, à bas prix, et facile à préparer.

Le phylloxera par lui-même est aisé à détruire, mais il ne vient pas seul et par hasard, il est attiré par des causes qui favori-
sent sa multiplication.

La vie végétale a, comme la vie animale,
ses lois et ses mystères, et les plantes veulent,
pour prospérer, certaines conditions hygiéniques auxquelles on ne peut, sans péril, les

laisser déroger; la malpropreté, l'excès, résultant du manque ou de la trop grande quantité d'aliments, leur mauvaise qualité, engendrent chez le végétal comme chez la bête, des états pathologiques analogues.

C'est parce que les soins sont uniformisés sans raison, qu'il se produit dans la culture des fautes étonnantes; dans la viticulture plus que dans aucune autre branche agricole.

Occupons-nous donc spécialement de la vigne.

III

Mode d'application de l'engrais et ses effets

Dans quelle proportion et avec quelles précautions, au préalable, devra-t-on user de l'engrais préparé selon la formule ci-dessus ?

L'opération du dosage n'est point si délicate qu'il faille absolument la déterminer avec une précision mathématique. Chaque pied de vigne ou cep en demande environ de 50 à 100 grammes, soit une moyenne de 75 grammes par souche. On devra donc l'enfouir en l'isolant d'un travers de doigt du tronc, prudemment, parce que les sels contenus dans l'engrais ne doivent pas être mis en contact immédiat avec l'épiderme du bois (1). On le recouvrira de la terre enlevée, en ménageant un creux en forme d'entonnoir, pour faciliter l'absorption des eaux pluviales, dont l'action lente et périodique est nécessaire à la dissolution progressive dudit engrais.

Cette action détermine infailliblement deux effets :

1° Elle atteint l'insecte dans ses retraites souterraines ;

2° Elle distribue aux radicelles de la vigne,

(1) L'Institut de France préconise l'essai du sulfo-carbonate de potasse, employé à l'état pur : nos engrais, il est facile de le constater, n'ont pas d'autre base ; mais nous avons la certitude que le médicament pur est un remède aussi périlleux que le mal qu'il prétend détruire, et c'est là le motif qui nous a inspiré le mode salutaire d'administration que nous livrons aux viticulteurs, et qui est expérimenté avec un succès complet.

les éléments nutritifs et alcalins indispensables à la qualité du raisin.

Nous ne pouvons nous empêcher ici d'interdire d'une manière absolue au viticulteur, et cela dans son intérêt, l'emploi de la fumure *végéto-animale*. C'est le fumier non désinfecté, non saturé de sels, tel que la boue des villes et le mélange de matières animales qui est le plus antipathique à la vigne. Il empoisonne les ceps, engendre les gales, champignons, poussières et autres sortes de moisissures qui, s'attachant au feuillage, comme au tronc et au fruit, assurent la ruine des vignerons de toute une contrée.

C'est au développement des champignons et autres mousses parasites, favorisé par des conditions météorologiques, que l'on doit surtout attribuer la facilité avec laquelle les insectes nuisibles opèrent leurs prodigieuses invasions.

Est-il besoin d'entrer ici dans le détail des calamités qu'ils engendrent? On les éprouve en ce moment; on les subit, disons-nous, d'une façon trop cruelle pour que nous ajoutions ici à la brutale éloquence des faits. C'est pourquoi nous insistons pour initier plus intimement le viticulteur aux effets chimiques et physiques des éléments constitutifs de l'engrais indiqué. Nous appelons son attention sur le rôle de chaque élément en particulier, et sur la nature des effets résultant de cette combinaison logiquement arrêtée. Tous les résidus préconisés ont été analysés par nous avec un soin extrême, ce n'est qu'après avoir reconnu en eux les qualités alcalines nécessaires, et après avoir étudié leur action minérale, magnétique, électrique, après avoir expérimenté ces effets, que nous venons vous dire avec certitude : le remède est là, vous l'avez sous la main, peu coûteux, facile à préparer par vous-même, en voici la formule, agissez donc promptement.

Et sans qu'il soit besoin d'employer la lotion que nous indiquerons ci-après, nécessaire dans les cas les plus pressés, nous vous disons avec la même certitude : lorsque l'engrais déposé dans le sol arrive à s'y mélanger, il produit une fermentation dégageant des vapeurs suffisantes pour asphyxier tous les parasites, vapeurs qui, loin de nuire à l'hygiène du cep, sont précieuses au contraire à absorber pour lui.

Aux viticulteurs intelligents, nous conseillerons encore de favoriser, entre les intervalles des ceps, sans nuire à la circulation de l'air, la végétation des herbes indiquées comme devant contribuer à la fabrication de l'engrais, dont l'action est si précieuse et qu'ils auront sous la main au moment utile, la rue, la matricaire, le chanvre, le tabac, l'absinthe, le noyer, le pêcher. Cette façon de meubler, pour ainsi dire, un terrain vinicole, le prédispose à ne jamais servir de refuge à la vermine ; elle éloigne le ver blanc, la limace, le diableau, l'écrivain, l'altise, l'attelabe et autres ravageurs qui attaquent la vigne de la racine au bourgeon et exécu-

tent lentement et en détail la terrible beso-
gne que le phylloxera achève en gros et si
promptement.

Nous pourrions limiter ici notre travail et
vous dire : maintenant, cessez de vous plain-
dre et agissez! vous avez en main les prin-
cipes d'une méthode certaine, il ne tient
qu'à vous de l'appliquer et de profiter de
votre expérience pour l'approprier aux cas
qui peuvent vous être particuliers.

Mais pourquoi, lorsqu'on ouvre aux viticulteurs le trésor d'une découverte aussi
utile, ne leur ferait-on pas une part complète
dans tous ses joyaux ?

Ce n'est pas pour la simple curiosité de
connaître que les gens de la science travail-
lent : c'est encore et surtout pour ensei-
gner.

Livrons donc sans regret, libéralement, à
celui qui n'a pas le loisir de s'adonner à l'é-
tude, le résultat de recherches effectuées
pour lui, et puisse-t-il, penché sur sa terre
régénérée, jouissant du bonheur de la voir

en santé, envoyer par la pensée une béné-
diction reconnaissante à l'homme qui, courbé
dans l'atmosphère épaisse et poudreuse d'un
laboratoire, s'applique, silencieux et soli-
taire, à enrichir de satisfaction l'air pur
qu'il respire, lui!

C'est la récompense la plus douce au cœur
des gens qui se dévouent à leurs sembla-
bles.

IV

Engrais propres à divers sols

Au viticulteur fortuné dont les ceps n'ont pas à souffrir de l'épidémie d'oïdium ou du philoxera, nous indiquerons comme préservatif les soins manuels. Débarrasser les souches des végétations parasites, telles que mousse, champignons, etc., c'est enlever avant tout à l'insecte ses moyens de premier établissement, et éloigner à coup sûr celui qui s'est déjà installé sur un pied de vigne. L'emploi de l'engrais, de la lotion ou de l'échalas préparé *ad hoc* ne sont que des curatifs complémentaires, achevant de doter le terrain des qualités nécessaires pour éloigner, des plans de l'invasion mortelle, et rendre les sucs à un sol épuisé ou fatigué.

A ce viticulteur heureux, nous offrirons une formule d'engrais plus léger, surtout si sa plantation se développe dans un terrain fort.

Neuf éléments, traités comme il est indiqué dans le précédent paragraphe, suffiront à composer cet amendement, et voici les proportions dans lesquelles on opérerait le mélange, en basant toujours la dose sur les besoins d'un hectare.

	kil.	prix.
1º Sel de cuisine..	25	2 fr. 50
2º Sulfate de fer..	20	1 20
3º Cendres de bois.. . . .	50	» »
4º Cendres de charbon de terre (de préfence) . .	50	» »
5º Gravats de vieux murs.	250	» »

A reporter. . . .   3 fr. 70

	kil.	prix.
Report. . . .		3 fr. 70
6° Marc de raisin.	50	» »
7° Menue paille de battage de tous grains. . . .	100	» »
8° Acide sulfurique à 66°.	5	» 75
9° Purin ou urine, en quantité suffisante pour dissoudre et mélanger le tout.		
		4 fr. 45

Le prix de cet engrais revient donc à cinq francs à peine par hectare, et, nous le répétons, les procédés de préparation et d'enfouissement sont les mêmes que ceux applicables à l'engrais indiqué dans le paragraphe précédent.

Si la vigne est plantée dans un terrain où la lignite se trouve, pour ainsi dire, sous la main, la formule ci-après sera mieux appropriée :

	kil.	prix.	
1° Sel de cuisine.	50	5	»
2° Lignite ou cendre de Picardie.	240	»	»
3° Gravats de vieux murs.	240	»	»
4° Acide sulfurique à 66°, ordinaire.	7	1	05
5° Acide azotique à 40°, ordinaire.	3	1	80
6° Purin ou urine, autant qu'il en faut pour bien mélanger le tout.			

Total . . . . **7 fr. 05**

Si la vigne pousse dans un sol où le schiste abonde, le mélange suivant est préférable :

	kil.	prix.	
1° Sel brut.	50	5	»
2° Schiste.	240	»	»
3° Gravats de vieux murs.	200	»	»

A reporter. . . . 5 fr. »

	kil.	prix.
Report . . .		5 fr. »
4º Acide sulfurique à 66º.	7	1 05
5º Id. azotique à 40º.	3	1 80
6º Purin ou urine, autant qu'il en faut pour bien mélanger le tout.		
		7 fr. 85

Si la vigne se trouve dans un sol où l'on ait à la fois sous la main chiste et lignite :

	kil.	prix.
1º Sel brut.	50	5 »
2º Lignite.	150	» »
3º Schiste.	150	» »
4º Gravats de vieux murs.	140	» »
5º Acide sulfurique à 66º.	7	1 05
6º Id. azotique à 40º. .	3	1 80
7º Ce qu'il faudra de purin ou urine pour la dissolution et le mélange.		
		7 fr. 85

Engrais ordinaire, excellent à la vigne en santé, et que le vigneron peut fabriquer sans inquiétude, quelle que soit la contrée qu'il habite :

	kil.	prix.	
1° Sel brut	100	10	»
2° Sulfate de fer n° 3. . . .	50	3	30
3° Terre végétale séchée au four après la cuisson du pain.	335	«	»
4° Acide sulfurique à 66°.	10	1	50
5° Id. azotique à 40°. .	5	3	25
6° Purin ou urine, quantité nécessaire pour la dissolution et le mélange.			

$$\overline{18\ \text{f. }05}$$

Ces quantités sont uniformément basées sur la somme nécessaire pour un hectare de terrain.

Formule d'engrais sympatique à la vigne et préservatif de ses diverses maladies (extrait des études prophylactiques de Rudolph Turecki) :

1° Sel brut. . . . . 3 parties.
2° Sulfate de fer. . . . . 2 —
3° Cendres de bois (de sarment surtout). . . . . 5 —
4° Marc de raisin. . . . . 3 —
5° Boutures et taille de la vigne, ainsi que les feuilles tombées en automne. . . 5 —
6° Feuilles d'ormes, de frênes et de noisetier, par parties égales. . . . , ... 3 —
7° Mélange de diverses plantes insecticides. . . . . 1 —

Nous comprenons sous le nom générique de cendres de bois, les cendres de toute espèce, même celles des végétaux qui gênent autour des habitations, Il faut que le culti-

valeur se pénètre bien, une fois pour toutes,
de cette vérité, c'est que la cendre de toute
nature est, pour la végétation en général, un
trésor d'une richesse inappréciable.

V

Lotion pour le Cep
ou le Raisin dévoré par l'insecte

Il est temps d'arriver ici à la lotion ou badigeonnage du cep, ou, au besoin, de la grappe. Cette opération est le complément de l'engrais, en admettant que l'action de ce dernier n'ait pas été complétement efficace, soit parce que sa fabrication a été défectueuse, son emploi insuffisamment distribué, ou qu'il ait été appliqué à des ceps tellement infectés qu'il soit besoin d'une médication encore plus énergique.

On la prépare comme il suit :

	kil.	prix.	
1º Sel de cuisine brut. . .	6	»	60
2º Sulfate de fer.	4	»	25
3º Cendres de bois.	15	»	»
4º Chaux.	5	»	15
5º Soufre natif.	4	1	20
6º Aloès caballin, dernière qualité.	2	2	»
7º Assa fetida, dernière qualité.	2	2	»
8º Absinthe.	5	«	»
9º Plantes narcoto-âcres, tabac-ciguë, etc. . . .	6	»	»
10º Goudron minéral, dernière qualité.	2	»	20
11º Acide sulfurique à 66º	1	»	20
12º Eau, 500 litres.			

6 fr. 60

Les substances solides devront être broyées
ensemble et mises dans un tonneau, et l'on
y versera les 500 litres d'eau bouillante, sur

laquelle on jettera ensuite les substances li-
quides. On fermera le tonneau et on y laissera le mélange s'opérer de lui-même. Plus
l'infusion vieillit ainsi, plus elle acquiert de
qualités ; elle devient, en même temps qu'un
poison foudroyant pour l'insecte, une li-
queur dont les éléments sont des plus sains
pour le cep, et ce qui coule sur le sol de la
vigne devient pour elle la quintessence de
l'engrais.

Il suffit, pour opérer le badigeonnage du
bois, de tremper dans ce liquide, agité
préalablement, un pinceau, et de couvrir
d'une couche généreuse le bois, ou même
la feuille malades. L'effet est immédiat et
complet.

Si les grappes n'étaient attaquées que par
la teigne (pyrale ou ver rouge), il suffirait
de leur administrer une lotion plus faible,
ainsi composée :

	kil.	prix.
1º Aloës succotrin, 1ʳᵉ qualité.	2	3 »
2º Absinthe.	5	» »
3º Matricaire.	5	» »
4º Feuilles de noyer.	10	» »
5º Eau, 100 litres.		

On la préparerait en broyant ou hachant aussi menu que possible les parties végétales que l'on mettrait dans un tonneau en versant par-dessus les 100 litres d'eau bouillante ; on y ajouterait, 48 heures après l'infusion, l'aloës pulvérisé.

Il faudrait le remuer tous les jours, pendant une quinzaine, en agitant bien, de manière à rendre le mélange autant que possible homogène ; alors, on en remplirait un vase dans lequel la grappe malade puisse baigner entièrement. L'amertume de cette infusion est tellement insupportable à l'insecte qu'il lâche prise immédiatement et flotte à la surface du vase où on peut le prendre, l'écraser, ou le laisser noyer, à son choix.

Ces lotions ou bains n'ont pour les grappes aucun inconvénient, au contraire ; il ne faudra donc pas hésiter à y recourir à chaque fois que le besoin s'en produira.

VI

De l'Échalas

Nous offrons ici une formule complémen-
taire pour débarrasser quand même la vigne
de toute espèce de vermine. Il s'agit de l'é-
chalas, employé dans beaucoup de contrées,
et sur lequel, aucun vigneron ne l'ignore,
l'insecte a l'habitude de déposer des œufs qui
passent l'hiver abrités dans ses gerçures,
écorces ou interstices, y éclosent au printemps, et, insectes parfaits, s'éparpillent de
là sur les ceps, à l'époque et de la floraison.

Il suffira, pour les rendre impropres à ni-
cher l'ennemi, de tremper le bois de ces

échalas pendant huit jours, avant de les employer, dans les produits gazeux, goudronneux qui encombrent les usines, qui sont impropres à tout autre usage industriel qu'à la fabrication du noir de fumée, et qui sont un embarras dont on se décharge à vil prix.

Ce trempage de huit à dix jours est d'un prix insignifiant et offre un double avantage : il enduit le bois d'une odeur tellement repoussante à l'insecte que celui-ci ne s'y aventure plus; ensuite, il rend le même bois incorruptible, dur, résonnant comme du fer, et lui assure une durée quasi-éternelle. L'action de l'atmosphère, loin de l'attaquer, ne fait que développer cette double qualité en lui.

Et l'opération ne coûte pas le quart du prix nécessaire à l'entretien et au renouvellement de l'échalas, dans les pays où on s'en sert.

Chaque viticulteur peut opérer chez lui. Une tonne de ces déchets d'usine à gaz ou à pétrole ne revient pas beaucoup plus cher que son transport; on peut y tremper huit ou dix milliers d'échalas au moins, et ces milliers d'échalas dureront indéfiniment.

C'est là, croyons-nous, une opération facile et qui n'est pas d'un prix à faire hésiter. L'insecte ainsi détruit imposerait en une saison des sacrifices involontaires beaucoup plus écrasants.

Nous le donnons, en tout cas, comme un mode préventif infaillible pour arrêter l'invasion des parasites.

A l'époque actuelle, où la spéculation éhontée s'empare de tout, dans le but unique de battre monnaie, il nous eût été facile, à nous comme à d'autres, de faire breveter nos formules, de monter une société d'exploitation, de fonder une usine, et d'installer, sur une vaste échelle, à grand renfort d'annonces et de réclames de toute nature, un débit des divers produits dont nous divulguons le mode de préparation.

Avant trois mois, l'excellence de ces produits, chantée par les trompettes à solde de

la renommée, nous eût assuré un écoule-
ment facile à prévoir, et nous eussions été
largement rémunérés de nos peines.

Nous préférons livrer à l'agriculteur lui-
même ces divers modes de fabrication, pour
plusieurs causes.

D'abord nous lui venons en aide, en un
temps où il est accablé déjà de sacrifices.

Ensuite, il est bon qu'il s'habitue à savoir
tirer lui-même un parti avantageux des milliers de trésors qu'il a sous la main et qu'il
laisse perdre par négligence ou ignorance.

En troisième lieu, il importe qu'il soit
rassuré sur la qualité de l'engrais qu'il em-
ploie; que le meilleur mode d'acquérir cette
certitude est d'opérer par soi-même cette
fabrication.

Enfin, comme nous n'épuisons pas, dans
cette simple brochure, la série intéressante
de conseils et de moyens que nos recherches
nous ont permis de colliger, nous acquérons,
par cette première entrée en rapport si fran-
chement gratuite, l'autorité et la confiance

qui nous sont nécessaires pour triompher de la routine, et ouvrir à nos autres découvertes, le crédit dont elles ont besoin pour arriver à répandre largement leurs bienfaits.

A l'œuvre, donc !

Le phylloxéra, est, dites-vous, pour l'instant, l'ennemi le plus redoutable. Ne vous préoccupez que de lui. Prenez-le à partie, résolument,

Précautionnez-vous. Rassemblez dès aujourd'hui les éléments constitutifs de votre engrais, mettez-les à l'abri, séchez ce qui devra vous fournir de la cendre, et dès la deuxième quinzaine de novembre, alors que vos terres seront préparées et que le mauvais temps et les jours raccourcis vous inviteront à hiverner, préparez cet engrais tout à l'aise.

Durant la froidure, l'insecte engourdi est impuissant à mal faire : enfoui d'ailleurs à l'état de larve, dans le bois ou dans le sol, il ne donne pas seulement signe de vie.

Si malade qu'ait été votre vigne, ne l'arrachez pas, mais aux premiers jours du printemps, quand on la taille et la déchausse, ayez vos engrais et vos échalas tout préparés et agissez.

Si vous le voulez, il ne tient qu'à vous que l'année qui vient, à pareille époque, le phylloxera ne soit plus qu'un vilain souvenir.

La France peut être à jamais débarrassée de ce cauchemar !

FIN.

TABLE DES MATIÈRES

www.ingramcontent.com/pod-product-compliance
Ingram Content Group UK Ltd.
Pitfield, Milton Keynes, MK11 3LW, UK
UKHW021458090726
13657UKWH00003B/1392